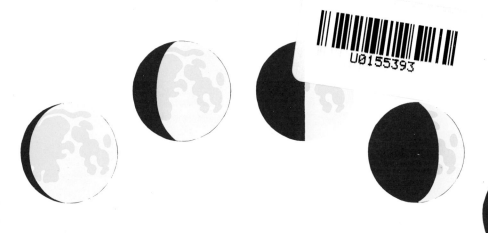

星空的奥秘

月亮篇

（日）森雅之/著　　维扎特/译

江苏凤凰美术出版社

前　言

当人们无意间注视月亮的时候，心情总会快乐起来。

"快要十五月圆了吧？"

"哎呀，十五已经过了吧？"

你可能也这样想过的吧？

只要是晴天，即使是城市里非常明亮的夜空中，也能看见月亮。月亮是离地球最近的，就在地球身边的星球。月亮绕着地球转圈，地球带领着月亮，绕着太阳转圈。

有人会说："这种事情谁都知道啦！"可如果你们观察得再细致一些，一定会发现，还有很多事情会让你们大吃一惊哦。

本书介绍了与月亮的圆缺有关的知识。你喜欢什么样的月亮呢？是黄昏中弯弯的月牙，还是圆圆的满月？是蓝天中白白的、半圆形的月亮，还是低空中看起来比较大的月亮，或者是"超级月亮"这种看起来变大了的月亮？这些可都是不同原因造成的哦。

那么接下来，就请先走到外面去观赏一下月亮吧！

目 录

第 2 章
月球与地球 **43**

第 1 章

月亮的阴晴圆缺

1
一直走，
一直走，
无论走到
哪里……

2
月亮
看起来都在
同一个地方！

3
那是因为啊，
月亮待在非常
非常远的地方！

地球
月亮
遥远
相隔约 30 个
地球的距离

4
朋友住在
其他城市
不能常相见。

5
越走越远，
越走越远……

可无论在哪里
都可以见到月亮！

真神奇呀！

月亮是怎样的星球呢？

月亮的各种形态

月儿高高，照亮夜空。

在晴朗的黑夜里，月亮比其他所有的星星都要明亮。这是因为相比其他星星，月球离地球非常非常近，就像地球的兄弟一样。

月亮是围绕着地球转动的卫星，它靠反射太阳的光芒而发亮。没错，月亮的光来自于太阳，并不是自己发出的哦。

如果每晚都观察月亮，你会发现，它的形状在慢慢地发生变化，出现和消失的时间也在变化着。月亮形状的变化周期是这样的：新月——上弦月——满月——下弦月——新月。在新月交替间，还有看起来非常细长的蛾眉月和残月。

我们一起按顺序仔细观察一下月亮的各种形态吧！

新月

首先，从周期的开头——新月开始观察吧。

当然，话虽这么说，但新月时的月亮我们几乎看不见。

那它是藏哪儿去了呢？为什么看不见呢？

让我们一起来探索一下新月的秘密吧！

新月是看不见的月亮

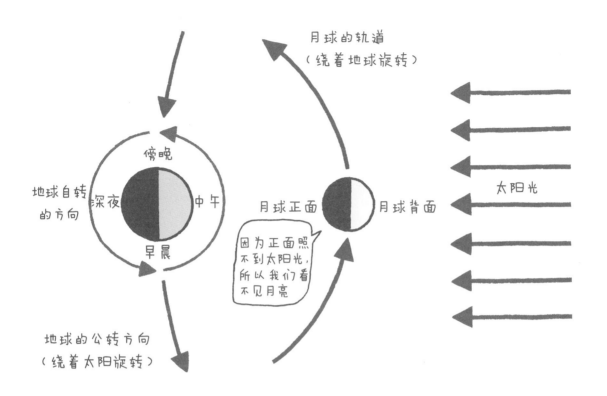

月球的轨道
（绕着地球旋转）

月球正面　月球背面

太阳光

傍晚

深夜　中午

早晨

地球自转
的方向

因为正面照
不到太阳光，
所以我们看
不见月亮

地球的公转方向
（绕着太阳旋转）

因为月亮跟太阳在同一方向上，所以我们看不见

　　新月经常会被画成黑乎乎的圆形，那是因为我们几乎不可能看到新月。其实，在新月那天，月亮还是好好地在天空中升起落下。但是，我们为什么会看不到月亮呢？

　　因为新月的时候，天空中的月亮总是和太阳出现在地球的同一个方向。在第7页我们说过：月亮是通过反射太阳的光来发光发亮的。新月时，月亮刚好夹在地球跟太阳中间。也就是说，如果我们把从地球看到的月亮的那一面当成正面，那么太阳光照射到的就是它的背面，也就是从地球上看不到的那一面。所以，月球正面完

全照不到太阳光，也就无法通过反射太阳的光来发光发亮。而且，因为新月出现前后的月亮光线很弱，加上附近还有明晃晃的太阳，所以很难看到新月时的月亮。

　　现在我们用的日历，是根据太阳在天空中的"移动"周期来制作的。但是从前，很多国家都是根据月亮的圆缺周期来制作日历的（注：见后文第38页）。在这种日历上，每个月的开始都是新月。所以，"新月"这个名字，顾名思义就是新的一个月开始的那一天的月亮。

发生日食的时候，月亮一定是新月

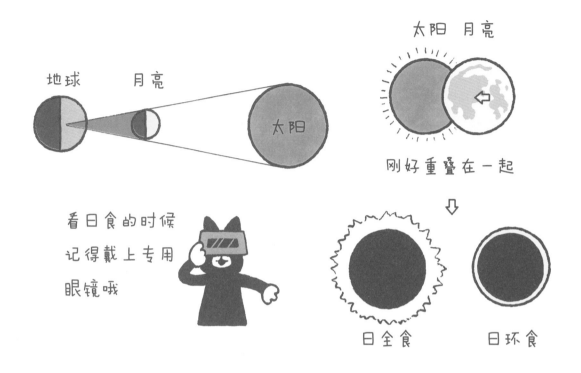

看得见新月的日子非常少见

　　虽然说新月一般是看不见的，但有一种特殊情况，我们能看到新月，那就是日食。

　　日食是月亮处于太阳和地球之间，将太阳遮挡住的现象。从地球上看，太阳和月亮的大小几乎相同，月亮完全遮盖掉太阳，称为"日全食"；太阳看起来像围绕月亮的发光细环，称为"日环食"；太阳只有一部分被月亮遮盖，称为"日偏食"。当然，尽管说看得见新月，可从地球上望去，我们能见到的只是挡住太阳光照的那一部分月亮，所以它像用铅笔在

纸上画的新月一样，黑漆漆的。当阴影和太阳开始重叠的时候，太阳就仿佛有了缺口，当黑影与太阳完全重合时，太阳光就会变得几乎不可见。

　　月亮围绕地球旋转，地球围绕太阳旋转。新月时，月球看起来最靠近太阳，能遮住太阳发生日食的概率比其他月相时更大。但并不是每次新月都会有日食，大约每半年发生一次。日食发生时，只有居住在日食带内的人才能看到日食，其余地方都看不见。

新月的夜晚可以做什么呢？

新月的夜晚会有满天的星星！

在新月的夜晚，我们看不见月亮，还真有些遗憾呢。不过，这个时候比月亮高挂的时候更容易看得见星星哦。没有月亮的夜晚，可是观赏星星的好时候！

虽然也要看天气和大气的状态好不好，但是比起看得见月亮的时候，没有月亮的夜空中总是能看到更多的星星。当然，这不是因为星星的数量有变化，而是因为月光影响了夜空的明亮程度。

你听过"1等星""2等星"吗？数字越小表示这个星星越亮，可是星光就算再亮，其实也十分微弱。那么再加上月亮的光芒会怎么样呢？答案是，微弱的星光会变得看不见！虽然月光相关知识在第58页才会介绍，但现在先告诉你哦，月亮可比其他星星亮多啦！

所以，要想仔细观察星星，选择新月时期或新月前后会更好哦！对着星座图或星空图，试着寻找星星或星座吧！

蛾眉月

过了新月时期，我们就慢慢可以看见月亮了。你见过蛾眉月吗？

蛾眉月细长又美丽，只是可以见到它的时间很短暂。你知道在什么时候、什么地方才能看见它吗？

经历过这个时期以后，月亮可就要开始变胖啦！

在西边的天空才能看见蛾眉月

晚霞中纤细的月亮

如果将新月那天当作一个月的开始的话，农历每个月的第三天就是蛾眉月出现的时候了。因为新月在和太阳同样的方向，所以看不见；而第三天的这个蛾眉月就离太阳稍微远一些了，能看得见一点儿被阳光照射到的部分——也就是我们看见的细细的圆弧。

蛾眉月好像追赶着东升的太阳一样，也从东边升起，从西边落下。但蛾眉月不仅本身光线很弱，而且因为靠近耀眼的太阳，不太容易被看见。太阳西沉、天空稍暗时，是唯一能看清它的机会！太阳下山约2小时后，蛾眉月才会落下。

真实的蛾眉月，可能比我们在插画里见到的更纤细。虽然在后文第58页还会介绍月亮的各种亮度，但这里可以先告诉大家：越纤细的月亮，光线越弱哦。

蛾眉月之后，月亮就开始快速长胖了，同时月亮下沉的时间也会变迟，身影也更容易被看见。等接近圆形的时候，也就是满月前后，形态变化就有点难以区别了。但是从蛾眉月到上弦月这段时间，月亮每日的形状变化还是比较明显的，而且很有趣呢！

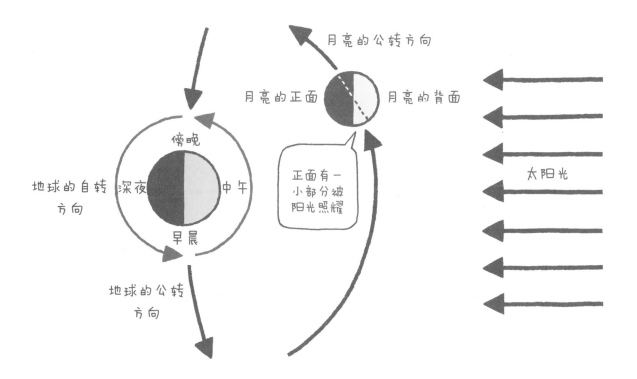

一起来认识地球反射吧

地球的光照亮了月亮

月亮是通过反射太阳光来发光的，但实际上，地球也同样反射太阳光。如果在月亮上看地球，地球也会像月亮一样时圆时缺，当然，在地球上的我们是见不到的。但是，地球反射的光我们还是有机会看见的。

如果我们在蛾眉月这种细细的月亮出现时仔细观察，就会看见发光的月牙边上，还有一部分椭圆的月亮若隐若现。这可不是因为我们眼睛花了，而是一种叫作"地球反射"的现象。要是在相机里放大，还能清楚地拍到月球表面的样子呢！

月球正面被太阳光直接照射的部分，会散发明亮的月光。但太阳光照射到地球上后，有的也会被地球反射到月亮上，然后再次被月球反射到地球上，形成月牙边若隐若现的部分，这就是地球反射太阳光的结果——也称"地照现象"。

蛾眉月出现时，如果从月亮上看地球的话，地球会比原本圆圆的样子小一点点，和月亮的圆缺变化恰好相反。接近满圆的地球会十分明亮，如此明亮的地球照耀着月亮，就形成了蛾眉月旁的地照现象。

蛾眉月的倾斜角度

不同的季节、不同的时刻，看起来都不相同

蛾眉月从东边地平线升起，从西边地平线落下。蛾眉月升起的时候，发光的一面朝上；落下的时候，发光的一面朝下。月光为我们指明了太阳所在的方向。月亮受到太阳照射的那部分是发光的，随着太阳所在方位的改变，峨眉月的倾斜角度也会变化。*

这个倾斜角度还会因为季节不同而变化。蛾眉月几乎平躺着落下的时候就是春天，站直了下沉的时候就是秋天。为什么会有这样的变化呢？

这是因为，我们从地球上看，月亮在天空中的移动轨迹与太阳相似，是沿着黄道 * 移动的。在不同的季节、不同的时间，月亮的移动轨迹都会发生变化。例如，在春天的傍晚，峨眉月（和上弦月）的移动轨迹看起来接近垂直于地平线；而在秋天的傍晚，峨眉月的移动轨迹看起来接近平行于地平线。所以，春天的峨眉月在天空中的位置要比秋天时更高。

* 译者注：这是因为太阳在月亮发光的那一侧，月亮西侧发光，太阳就在西侧；月亮东侧发光，太阳就在东侧。所以只要想想太阳所在的位置，就能理解月亮的倾斜角度的变化。

* 黄道：地球一年绕太阳转一周，我们从地球上看成太阳一年在天空中移动一圈，太阳这样移动的路线叫作黄道。它是天球上假设的一个大圆圈，即地球轨道在天球上的投影。

上弦月

　　细细的月亮一天一天地长胖，正好变成了满月的一半。

　　上弦月的左边是暗的，右边是亮的。上弦月在傍晚时出现，上半夜是观察它的好时机。

　　此时离满月还有一个星期左右。

　　在白天的晴空中，有时也能看到上弦月哦。

傍晚高高挂在天空的上弦月

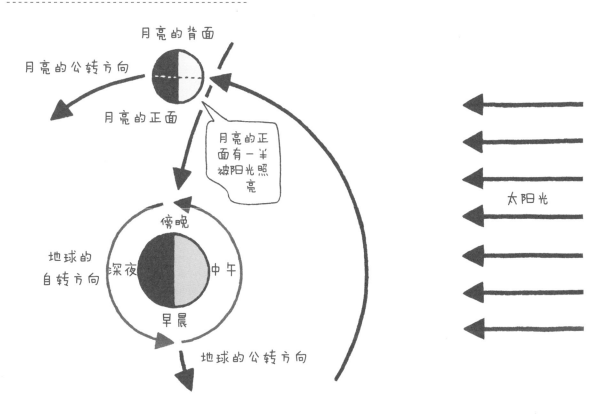

月亮的背面

月亮的公转方向

月亮的正面

月亮的正面有一半被阳光照亮

地球的自转方向

傍晚

深夜

中午

早晨

太阳光

地球的公转方向

在白天的晴空中也能看得见

上弦月就是把天空中一个完整的月亮（圆面）分成了两半，也可以叫作"半月"。从地球上看月亮（见上图），上弦月右半边都散发着亮光，所以比蛾眉月更亮。

上弦月在中午的时候从东边的地平线上爬起来，当傍晚太阳下山的时候，它就已经高高地挂在南边的天空中了，看起来就像一个半圆。黄昏来临之前，蓝色天空的高处如果出现了白色的半月，那就是接近上弦的月亮。与蛾眉月相比，上弦月离太阳更远，这时的月亮也更亮，在白天的晴空中也容易被看见。

上弦月从黄昏开始，由南到西不断下沉，在午夜时从西边的地平线落下，这个过程可以一直追着观赏呢。

上弦月和蛾眉月一样，升起的时候，发光的圆弧那一侧朝上；落下的时候，发光的圆弧那一侧朝下。它半圆的形状看起来像弓一般，所以它的另一个名字是"弓月"。你看，圆弧那一侧的曲线像不像弓臂，缺失那一侧的直线像不像弓弦呢？

17

一起来观察月亮的地形吧！

上弦月适合观测环形山

如果用肉眼观察月亮的话，可以隐约见到月亮上有一些黑乎乎的东西。如果用望远镜看的话，就会发现在月球表面上，有一些圈圈点点的地形（注：见后文第46~47页）。那种塌陷的圆形就是环形山。不需要用天文望远镜，只要用双筒望远镜就能看见大的环形山。

看环形山也有最佳观赏时间，那就是上弦月出现的时候。你可能会想：满月的时候可以看到整个月亮，不是最容易看到环形山吗？但事实上，满月时可能看不清环形山，因为此时太阳光直射在月亮表面，看不到环形山的高低阴影。

上弦月的时候，太阳光是斜着照到月亮上的，所以容易在凹凸不平的表面形成阴影。地球上黄昏时的影子比正午时更长，也是一样的道理。有影子的时候更容易看清楚高低不平的起伏，所以上弦月的时候，更容易观测地形。尤其是月亮的明暗交接处，更容易看见环形山。

同样，当下弦月出现，太阳光斜着照射的时候，也容易看见环形山。下弦月在下半夜时升起，它的形状和上弦月是否相同呢？

中午

傍晚

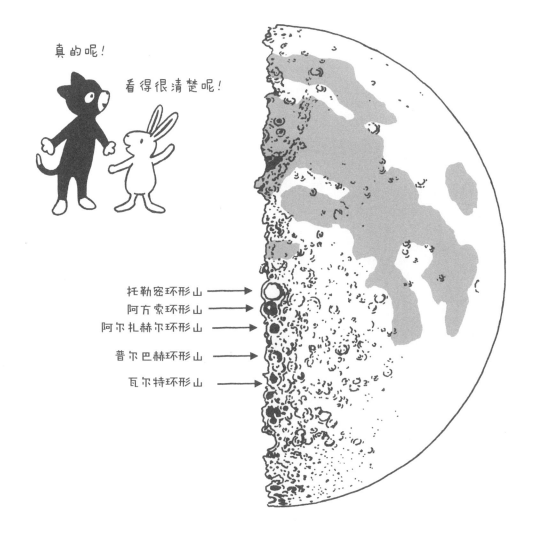

真的呢！

看得很清楚呢！

托勒密环形山 →

阿方索环形山 →

阿尔扎赫尔环形山 →

普尔巴赫环形山 →

瓦尔特环形山 →

月亮的名称 | 根据形状起的名字

　　上弦月因为形状又被称为"弓月"（注：见前文第 17 页）。另外，我们会根据月亮圆缺的各种形态来给它起别称。在这里就给你们介绍几个吧！

　　新月后一天的月亮叫做"纤月"，因为它细得就像针线的纤维一样。

　　蛾眉月也叫"眉月"，因为它的形状很像眉毛。而形状相反，出现在下一次新月之前的月亮，也叫"眉月"。就像上面说到的那样，上弦月和与之相反的下弦月都可以称为"弦月"。

　　满月也叫"望月"，意为一点儿都不残缺的圆月。同时，满月前一天的那个稍微不完整的月亮，叫做"小望月"。

满月

圆圆的满月像脸盆一样，
整个月亮的正面都在发亮。
即使走在令人心慌的黑暗小路上，也有可靠的满月，为我们照亮眼前的道路。
月色真美啊！

满月在傍晚的时候升起

一整晚都能看见的月亮

你或许也见过大大的满月从东边升起吧？蛾眉月和上弦月是在天空还很明亮的时候就开始升起了，因此观察起来比较困难。但满月是傍晚时分升上来的，所以观察这一过程很容易哦。

傍晚出现的满月，到了半夜时会升到最高的位置，然后在黎明时分才从西边落下。也就是说，满月会一整晚照亮大地。

满月的时候，月亮被太阳照耀得满面光辉，我们能完整地看见它圆乎乎的身影。这时，月亮和太阳正分别位于地球两侧。所以，从地球望去，这时的月亮是一个完整的圆形，完全没有缺口。

满月时月亮正面是完全看得见的，所以月亮的真面目可以一览无遗。很多人觉得，月亮的表面看上去像有只小兔子在捣药。其实，这样的联想还有很多呢（注：见后文第 45 页）。假如你想仔细看看这样的画面，那就要在天空还有些许光亮、月亮升起还比较低的时候观察哦。

那么，月亮上会有什么呢？

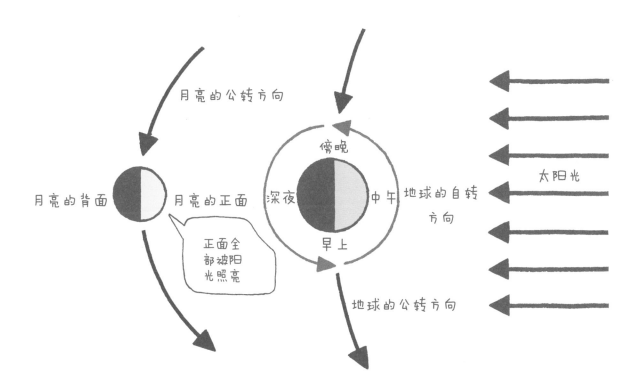

月亮的公转方向

月亮的背面　月亮的正面

正面全部被阳光照亮

深夜　傍晚　中午　地球的自转方向

早上

太阳光

地球的公转方向

出现月食的时候都是满月

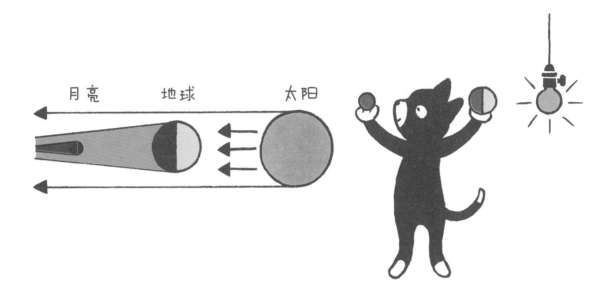

月亮　　　地球　　　太阳

神奇的红色月全食

　　月亮的圆与缺一般大约在 29.5 天之间循环，但是有时也会突然在几个小时内完成这个过程，那就是出现月食的时候。日食是月亮挡住了太阳光，而月食就是地球遮住了太阳光。月食只能在满月时发生。满月时，地球被夹在太阳和月亮之间，被太阳光照射的地球投出长长的影子，这个影子遮住月亮的话，就会形成月食。

　　月亮只缺了一部分时，叫做"月偏食"；月亮完全被影子覆盖时，叫做"月全食"。被影子完全覆盖的时候，月亮不会消失不见，只是会变成模糊的暗红色。这是因为，虽然地球完全遮住了来自太阳的直射光线，但是太阳光中的红色光容易穿透大气层并发生折射，然后微微地照亮了月全食时的月亮。不过，光线的强度会根据地球大气的状态而改变，颜色也会有改变的哦。

　　圆圆的满月，一会儿就缺了一块，再一会儿又回到原来的样子或者变成了月全食。月亮的形态如此神奇而有趣，大家可一定要认真看一看哦（注：见后文第 70 页）！

十五的月亮不是满月吗？

它有些许残缺，但广为人知

　　一整夜照亮天空和大地的满月，真是太亮了，新月时显而易见的星星，在满月时就很难见到了。

　　明亮的满月夜里，人们不由得想要悠闲地赏月。一整夜月亮都高高挂着，想要看月亮，随时抬头看看夜空就可以了。夜晚的道路也会被照亮，所以很适合散步。

　　说到赏月，很多人都会选择在农历（注：见后文第38页）十五的夜晚。如果将新月那天当作一个月的开始的话，第十五天就是所谓的"十五夜"。尤其是在农历八月十五，民间更有赏月的习俗，那一天的月亮就是"中秋月"。

　　望月（满月）较多出现在农历十五和十六，较少出现在农历十四和十七。用数字来表现月亮的圆缺过程的话，农历十五等于"月龄"（注：见后文第40页）中的14。因此，这时的月亮大多会有一点点残缺。

　　随着地球和太阳位置的一点点变化，我们看见的月亮，也在上升下沉的过程中一点点地改变着形状。看着十五的月亮一点点地圆满起来，想想就觉得很有意思呢。

下弦月

从满月之后，月亮又开始一点点地变残缺。

变残缺的规律和变圆满的规律是相反的。

下弦月的左边是亮的，右边是暗的。下弦月在半夜时出现，下半夜是观察它的好时机。

虽然形状很像，但下弦月和上弦月出现的时间可是完全不同的哦。

下弦月是在半夜升起的

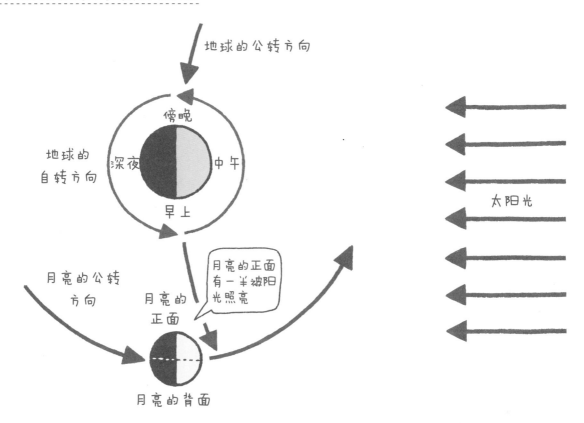

地球的公转方向

地球的自转方向

傍晚

深夜　中午

早上

月亮的公转方向

月亮的正面

月亮的正面有一半被阳光照亮

月亮的背面

太阳光

月亮下沉的时候已经看不见了

　　下弦月的上升是很难等来的，它从半夜开始升起，在清晨时爬到最高的地方。

　　下弦月和地球的位置关系是怎样的呢？其实就是跟上弦月时的样子相反（见第 17 页）。所以，从地球上看，左半边月亮会因太阳光照射而发亮。早晨那轮挂在天空中的白色半月就是下弦月了。它下沉的时间在中午，但那个时候天空太明亮了，所以月亮落山很难被看见。

　　下弦月和上弦月一样被称为"弦月"。可是关于上弦和下弦是从哪里来

的，有好几种说法。

　　很多人听说过：弦月下沉时，月亮的"弦"朝上就是上弦月，月亮的"弦"朝下就是下弦月。也有人觉得这个说法其实是错误的，因为下弦月上升时弓弦朝上，到达最高处后开始下沉时弓弦才渐渐朝下，而我们很少有看见下弦月月落的机会。

　　还有的人说，那是因为在农历前半月出现上弦月，后半月出现下弦月。

　　那么，哪个说法才是对的呢？

下弦月的时候容易看见环形山

环形山是怎样形成的？

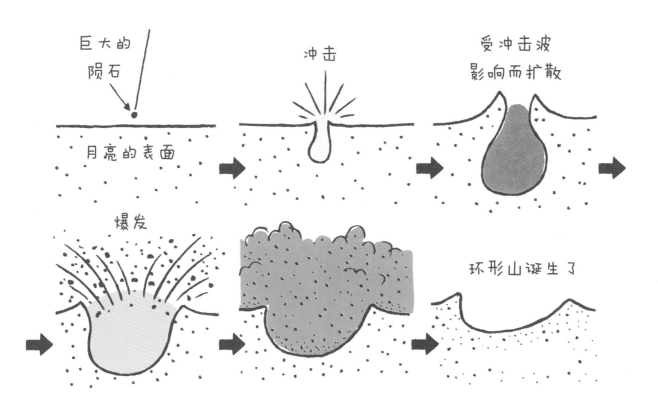

巨大的陨石

月亮的表面

冲击

受冲击波
影响而扩散

爆发

环形山诞生了

　　与上弦月一样，下弦月出现时太阳光也是斜着照过来的（注：见前文第18页），也容易看见环形山等地形。但是下弦月升起的时候已经过了半夜，得努力从床上爬起来，或者起大早才能看见。

　　上弦月中看见的画面，像是小兔子的头和上半身，而下弦月中看到的就是小兔子的下半身。下弦月半月边缘的部分和上弦月差不多，但是受到太阳光照射的部分和上弦月正好是相反的。所以用望远镜认真观察的话，会看出来有一点点不一样哦。

　　在用望远镜观察时，你还能看到月亮上有一个个巨大的环形山。那么，洞穴一般的环形山又是怎么形成的呢？据说它们是许多陨石撞击到月球上形成的。月球刚形成的时候，被大小不一的陨石一次又一次地撞击，形成了环形山，然后月球上的火山也开始运动了，熔岩流进被撞出的坑里，凝固了起来。这种被凝固的熔岩覆盖的地方，就是我们看见的月亮上的黑色斑块"月海"（虽然没有水）。

　　今天，人们给这些环形山和月海起了不同的名字，令人感觉很是亲切（注：见后文第50～51页）。

能在早晨看见的白色月亮

一起来看看"晓月"吧

　　即使是拂晓时分，天空变成蓝色后，下弦月也会继续出现一段时间。像这样在拂晓时出现的月亮，可以称为"晓月"，它一般在农历十六之后出现。

　　我们给月亮起名字，有时会根据圆与缺变化的形状（注：见前文第19页），有时也可以根据出现的时间命名。

　　话说回来，在夜间看到的月亮是淡黄色的，但是在拂晓的蓝天中看到的月亮却是白色的。这是强烈的太阳光造成的。太阳光由七种颜色的光组成，就像彩虹那样。当这些光撞上了地球的大气层时，蓝色的光会散射，所以天空看起来就是蓝色的。而当太阳出来时，这些蓝色的光会使月亮看起来白白的。

　　如果把新月看作一个月的开始，那么每个月的第二十三天左右，就能看见下弦月。所以在过去，很多人会在那一天午夜等待下弦月升起。

残月

月亮又日渐"消瘦"起来，又快要迎来新月了。
残月是在新月出现之前的纤细的月亮。
可是怎么等它也不肯升起来，直到日出东方时它才会出现。
起个大早去看看它的样子吧！

黎明前升起的残月

和蛾眉月相反的形态

如果把新月的出现作为一个月的第一天，那么蛾眉月则出现在这个月的第三天。之后月亮变得越来越饱满，最终变成满月，接下来就轮到相反的半边开始缺失了。到了第二十六天，它变得像水平翻转的蛾眉月一样，这就是残月了。是不是想称它为"早晨的蛾眉月"呢？它和蛾眉月还是不同的！

残月在黎明之前才会出现。因此，最好早点儿起床看，而不是睁着眼睛等一宿哦。它体型纤细，光芒很微弱，因此在天空变亮后很快就会消失。

夕阳中的蛾眉月很美，黎明时出现的残月也很漂亮。观看残月时，你可以看到蛾眉月那样的地球反射（注：见前文第14页）。但是，随着天空越来越亮，我们很难用肉眼看见这种反射。

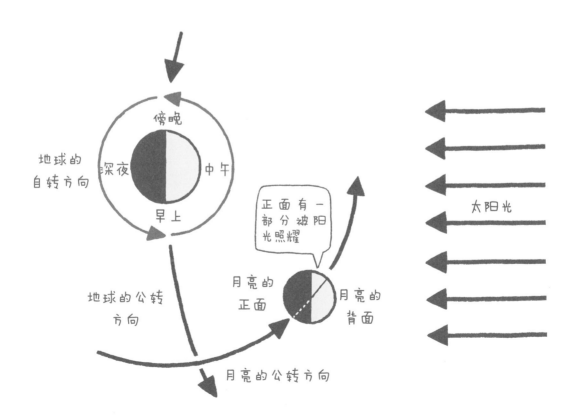

黎明时分的月亮和启明星

连同金星一块儿观察吧

黎明前常会升起一颗特别明亮的星星，它就是金星，也称"启明星"（若金星在傍晚时出现又被称为"长庚星"）。金星是除了月亮以外，夜空中最闪耀的星星。

在太阳系中，金星是离地球最近的行星（围绕恒星旋转的星球），它像地球一样围绕太阳旋转，并且像月亮和地球一样靠反射太阳光来发亮。由于金星离地球很近，当用望远镜观察时，你可以看到它像月亮一样在圆与缺之间变化。

在黎明前或傍晚能看到比地球更接近太阳的金星。与夜空中的其他星星不同，观察金星的时间地点会随着季节的变化而变化，你可以查阅一下书本或网络，在什么时间地点能看见它。

黎明之前，残月在东方天空升起，在它附近就会看到金星（蛾眉月和金星并排出现的情况也有哦）。细长的月亮和闪闪发光的星星在微红色的天空中并排闪耀，像珠宝一样光彩夺目，真是难忘的景象啊！

月亮的名称丨和月亮有关的诗词

月亮是古代文人墨客最喜欢的题材。在他们的诗歌中，我们的月亮有很多风雅的别称哦！了解这些别称，可以帮助我们更好地感受诗歌中关于月亮的美好意象。

比如从形状上来说，因为蛾眉月像钩子一样，所以会称作"银钩""玉钩"。因为弦月像弓一样，所以便叫它"玉弓""弓月"。满月时，月亮像个轮子，可以叫作"金轮""玉轮"；它也像个圆盘，所以叫作"银盘""玉盘"。有时候还觉得满月像一面镜子，故称"金镜""玉镜"。

最有名的咏月诗词应该就是苏轼的《水调歌头》了吧。其中广为传诵的一句"但愿人长久，千里共婵娟"，便是因为人们常把美女比作月亮，故称月亮为"婵娟"。

黎明

那颗明亮的星星就是
金星（启明星）啦！

傍晚

有时也能在傍晚看见
金星（长庚星）呢！

月亮每天的变化

为什么月亮会在圆与缺之间变化呢?

月亮为什么不会落到地球上?

月球绕地球旋转一周大约 27.3 天,靠反射太阳的光芒来发亮。从地球上看,月亮的形态每天都在变化。

当月球离太阳较近时,它的正面朝向地球。此时,我们在地球上看不到月亮,这就是新月。

与之相反,当月亮正面朝向太阳时,由于从地球上可以看到月亮被阳光照射的那一侧的整体,因此月亮看起来很饱满,这就是满月了。

从新月开始,月亮逐渐变胖,从半圆形的上弦月到满月,再从满月逐渐变瘦,成为和上弦月相反的下弦月,然后下弦月又变成新月。这个循环就叫做"月有阴晴圆缺"。

顺便说一句,为什么月亮一年四季不停绕地球转动呢? 这是因为吸引月球的地球引力与月球绕地球旋转的离心力一直保持着平衡。

地球带着月亮围绕太阳旋转,约一年(365 天)才完成一个圈(注:见后文第 60 页)。

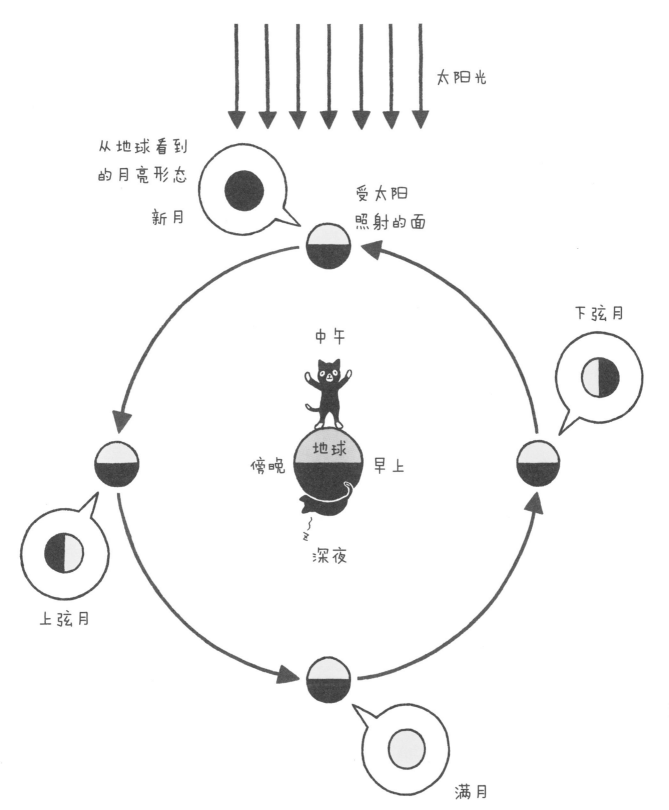

太阳光

从地球看到
的月亮形态

新月

受太阳
照射的面

下弦月

中午

地球

傍晚　　早上

深夜

上弦月

满月

为什么月出一天比一天晚？

月球的公转和地球的公转

每天，月亮从东方地平线升起的时间都会比前一天晚 50 分钟左右。农耕时期，人类参考月亮运行的规律从事农桑。他们怎么也想不通，为什么每天月出时间都会变晚呢？

月球绕地球转一周大约需要 27.3 天，也就是说，它每天都会绕地球移动一点点。月球的这个运动被称为"月球的公转"。

月亮因为公转运动每天向东移动约 13 度。这个 13 度的位置变化就导致了每天的月出时间有大约 50 分钟的差距。但

是，具体相差多少时间还取决于季节和地点（纬度）。

在这里提一个问题哦：月亮绕地球公转需要 27.3 天，但月亮从圆到缺，又从缺到圆的月相变化周期却需要 29.5 天。你知道这是为什么吗？

在月亮绕地球转的同时，地球也在绕着太阳转。在月亮绕着地球公转一周的时间里，地球会绕着太阳移动 27 度，这就导致月亮要完成一个完整的月相变化周期需要多走 2.2 天（见右图），所以就是 27.3 + 2.2 = 29.5 天啦。

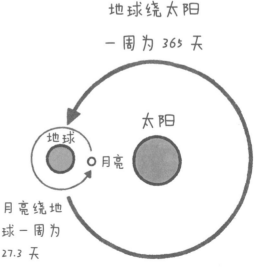

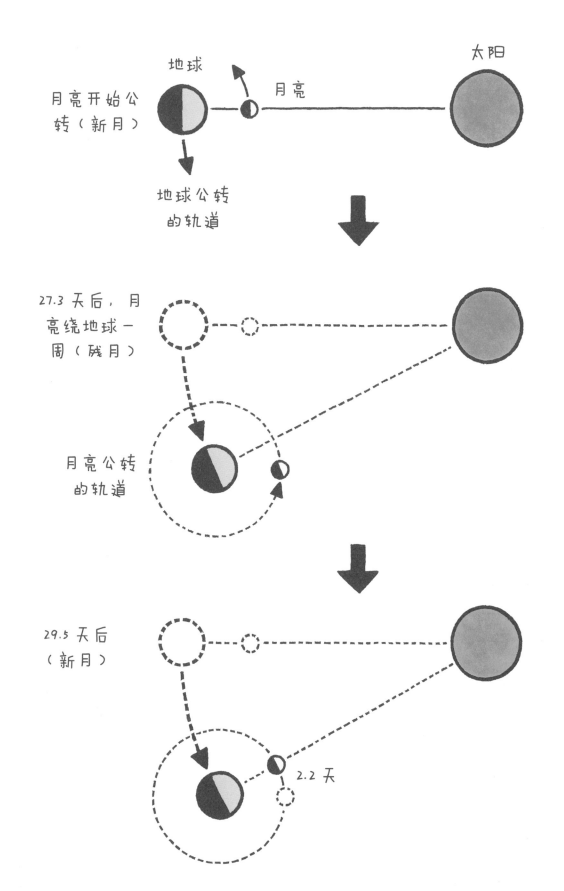

月亮开始公转（新月）

地球

月亮

太阳

地球公转的轨道

27.3 天后，月亮绕地球一周（残月）

月亮公转的轨道

29.5 天后（新月）

2.2 天

为什么满月的高度和月出位置会发生变化呢？

和太阳相反，冬天高，夏天低

从地平线升起的圆圆的满月，看起来应该比往常都更大一些。不过你可能看不出来，因为你不会每次都在相同的地方看到它。另外，你有没有发现月亮每天升起的位置都有所不同呢？

还有，你可能会发现满月在冬天升得特别高。实际上，不同的季节，满月的高度和它出现的位置也有所不同。想一想太阳吧，夏季它在高高的天空中闪耀，而冬季却升得不高，光线微弱。满月与太阳的情况则恰好相反。

从地球上看，太阳夏季时在赤道的北边，而冬季时在赤道的南边。

正如前文第 22 页的内容，满月和太阳将地球夹在中间。于是，与太阳的位置相反，夏天的满月在赤道的南边，而冬天则在北边。因此，满月在夏季爬得低，而在冬季爬得高（见下图）*。

另外，上弦月和下弦月，在夏至和冬至的时候，基本都从东边升起，从西边落下；春分和秋分的时候，高度和位置会有较大改变（见下一页插图）。

* 编者注：小朋友还可以结合第 61 页的图片来理解。图中左边是北半球的夏天，太阳比较高，要仰着头才能看到，这时的满月比较低；右边是北半球的冬天，太阳比较低，稍微抬头就能看到，而这时候的满月比较高。

夏至

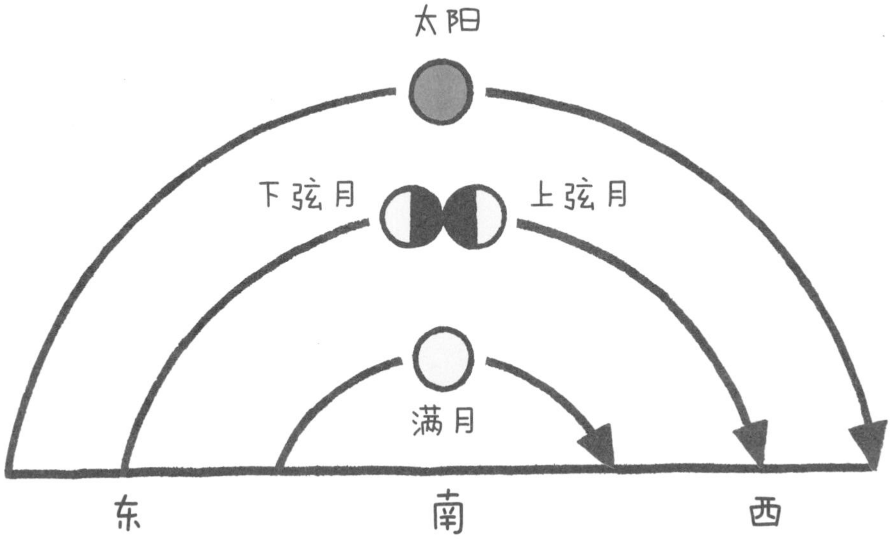

太阳

下弦月　　　上弦月

满月

东　　　南　　　西

冬至

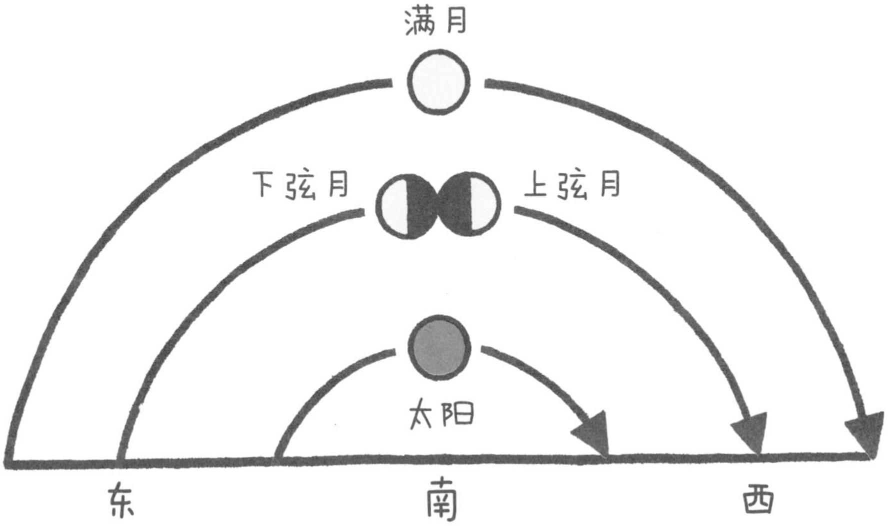

满月

下弦月　　　上弦月

太阳

东　　　南　　　西

春分・秋分　秋分前后　　　　　　春分前后
　　　　　　的下弦月　　　　　　的上弦月

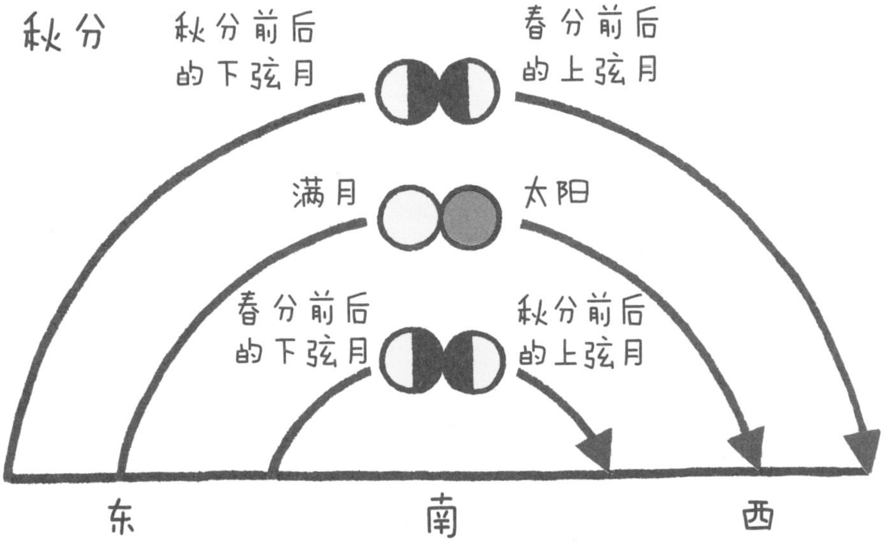

满月　　太阳

春分前后　　　　　　秋分前后
的下弦月　　　　　　的上弦月

东　　　南　　　西

37

月亮和日历

太阳的历法和月亮的历法

阳历、阴历和农历

　　月亮在以前有非常重要的作用，那就是人们几乎都以它的运动规律作为历法的标准。以前的日历是按照月亮的阴晴圆缺来决定的，被称为"太阴历"（也称为"阴历"）。

　　在过去，新月是一个月的开始，满月大约是在第十五天或十六天。那即使不看日历，只看月亮，也能知道日期了不是吗？但是，还是会有些不方便呢。

　　现在全世界的通用日历是"太阳历"（也称为"新历"），它是基于太阳在天空的运动规律而制定的。一年12个月中除了二月份，其他月份是30或31天，一年约365天，对吧？可是，阴历的一个月则是29天或30天，一年算下来要比太阳历少11天。因此，如果长时间使用阴历的话，就会发现有日期和季节上的误差。

　　所以，人们决定每三年左右就设置一个"闰月"来调整误差。这样一来，那一年就变成了13个月啦！这样的日历是通过组合太阴历和太阳历创建的，叫做"阴阳合历"（也称为"农历"），现在仍然广泛使用。

二十四节气

如上一页所说，在农历中，闰月大约每 3 年一次。那到底哪一年需要增加闰月呢？这是由二十四节气来决定的。

地球一年（365 天）绕太阳转一圈（360 度）。从地球上看，太阳的路径以春分作为 0 度，每 15 度划分一下的话，就分成了 24 个相等的部分，用来当作季节的标志，这就是二十四节气。夏至、冬至、立春和立秋这些都属于二十四节气哦。

二十四节气是由 12 个节气和 12 个中气相互交错排列的。中气是从冬至开始的二十四节气中逢奇数的节气。

在农历中，中气是确定月序的依据，但是大约每三年就会有一个月没有中气。* 这个月就是闰月，如果前一个月是五月，那它就是"闰五月"啦。

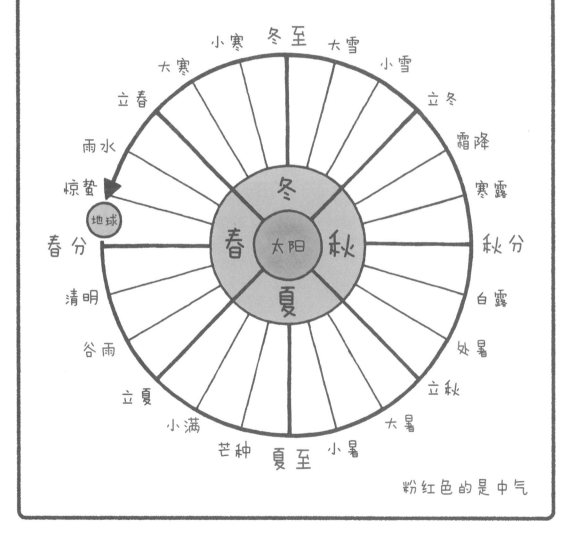

粉红色的是中气

* 编者注：这是因为如果把 365 天划分为 12 个月，每个月就是 30.4 天，每个月中点就是中气。但月相变化周期是每个月 29.5 天。农历中每个月的长度是按月相变化周期来定的，所以每过一个月，这个月的中点就会和中气产生大概 1 天的偏差。积累 30 个月左右，就会出现一个没有中气的月份。

月龄是月亮圆缺的标尺

新月——从"零"开始

当我们在网上查月亮的信息时，可以看到一个叫"月龄"的数值。这个数值到底表示着什么呢？

当我们把月亮变成新月的那一瞬间当成"零"来看，月龄就表示那个瞬间之后的第几天。如果有些书上没有写明是什么时间的月龄的话，那通常是指中午12点的月龄。比如，我们把新月那天中午12点的月龄计作0.4，那么比中午12点早0.4天的那个时候，就是月亮变成新月的瞬间。但实际上，天变暗了以后我们才能看到月亮，所以，月亮的圆缺会比它月龄的理论形态延后一段时间（所以也有些书上会注明晚上9点的月龄）。

如果新月那天中午12点的月龄是0.4的话，那么第二天中午12点的月龄就是1.4，第三天就是2.4。月龄就是像这样，小数点后面的数字保持不变，过一天就往小数点前面加1，这样一直加上去。然后当月亮结束了一个圆缺周期，重新变成新月的时候，月龄也就重新归零，接着继续开始新的一个周期。

通常，新月的月龄就是0，上弦月的月龄是7左右，满月的月龄是15左右，下弦月的月龄是22左右，最后月龄接近30的时候，新的周期又要到了。不过，因为农历中把新月出现当成一个月的第一天，也就是初一，所以月龄会跟阴历相差一天左右哦。

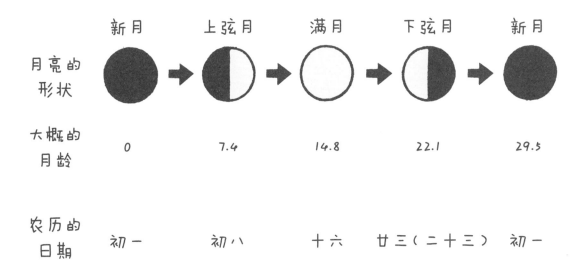

	新月	上弦月	满月	下弦月	新月
月亮的形状	●	◐	○	◑	●
大概的月龄	0	7.4	14.8	22.1	29.5
农历的日期	初一	初八	十六	廿三（二十三）	初一

中秋赏月

中秋节和它美丽的传说

把新月那天当作一个月中的第一天，那么第十五天的晚上就是十五夜了。其中农历的八月十五日也叫"中秋"——赏月的好日子（注：见前文第 23 页）。我们也常常听到有"中秋月"的叫法，对吧？

中秋也是秋天农作物收获的时节，所以人们会把瓜果还有月饼供奉给月神，感谢神明给予人们收获。因此，中秋节也被叫做"月饼节"。

在南方，拜完月之后，由家中长者将月饼按人数分切成块，每人一块，表示合家团圆。人们常常闻着桂花树的花香，喝黄酒，吃螃蟹，赏明月，吟诗词歌赋。所以关于中秋的诗词特别多。

你们知道吗？古时候的人们太喜欢月亮了，给它取了各种各样的名字，其中就有"嫦娥"和"玉兔"。"嫦娥"自然就是指月亮上的仙女嫦娥。相传嫦娥偷吃了夫君后羿从西王母那里求来的不死药后飞升奔月，永居广寒宫。

玉兔也源于中国古代神话传说。相传月亮之中有一只浑身洁白如玉的兔子，拿着玉杵，跪地捣制长生不老药。民间视其为祥瑞、长寿的象征。

满月会在夏天的时候挂得比较低，在冬天的时候挂得比较高（注：见前文第36页）。秋天的话，就会挂在相对中间的位置，刚好适合我们观赏。

当然，就算不是秋天的满月，月亮也都非常好看。只要你经常在不同的季节欣赏不同形态的月亮，就一定会发现你喜欢的那一轮明月的。

看来，赏月也有悠久的历史和多种多样的方式呢。

蓝月亮真的是蓝色的吗？

你听说过"蓝月亮"这个词吗？它真的是指蓝色的月亮吗？

跟每个月都从新月开始的农历不同，现在的公历里，一个月里有可能会出现两次满月。在欧美等国，就把第二个满月称为"蓝月亮"。

在英语中有"once in a blue moon"这一短语，形容某事极其罕见。可能是因为蓝月亮是罕见现象，才用来表示这个意思。所以，非常可惜，蓝月亮并不是指看上去是蓝色的月亮。

蓝月亮并不是天文学上的定义，只是社会上流行的一种说法。但是，如果一个月里能看到两次明亮的满月，倒也挺令人欣喜。传说，看到蓝月亮的人会变得很幸福呢。

跟平常的满月一样啦！

蓝月亮？看上去一点都不蓝啊……

第 2 章

月球与地球

来看看月球长什么样子吧

是不是像小兔子呢？

当你眺望夜空中的圆月时，会发现它的表面好像有一些花纹。仔细看看，这些花纹像什么呢？

以前的人也会看着月亮上的花纹，想象它们的形状。除了像兔子，你觉得还像什么呢？

狸猫父子

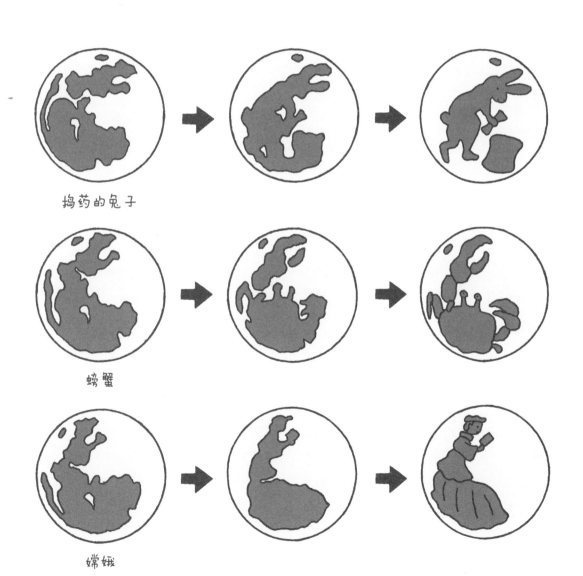

捣药的兔子

螃蟹

嫦娥

月球的正面

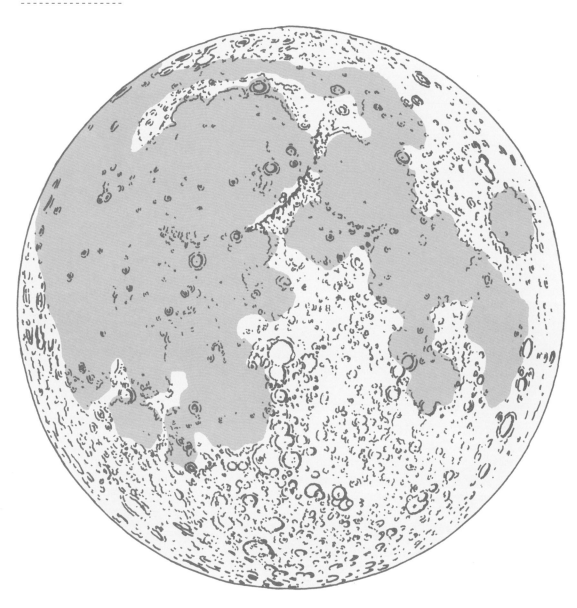

看得见小兔子吗？

　　从地球上看的话，我们只能看到月球的正面。但是，满月时的月亮明亮得刺眼，很难用眼睛一直盯着观察。

　　这是月球的地图，叫做月面图。月球的表面有很多凹凹凸凸的地方，地形有特征的话就会给这些地方起名字，和右边图上的名字一起对比着看，观察一下各种地形吧。

冷海　亚里士多德环形山　恩底弥昂环形山
露湾
虹湾　柏拉图环形山　阿尔卑斯山脉　阿特拉斯环形山
卡西尼环形山　欧多克索斯环形山　波希多尼环形山
雨海　阿里斯基尔环形山　克莱奥迈季斯环形山
阿利斯塔克环形山　阿基米德环形山　澄海
亚平宁山脉　危海
风暴洋　喀尔巴阡山脉　汽海
开普勒环形山　静海
厄拉多赛环形山
哥白尼环形山
格里马尔迪环形山　中央湾
丰富海
托勒密环形山
西里尔环形山　朗格伦环形山
伽桑狄环形山　阿方索环形山　西奥菲勒斯环形山
阿尔巴塔尼环形山　酒海
云海　阿尔扎赫尔环形山　文德利努斯环形山
凯瑟琳环形山
湿海　普尔巴赫环形山
雷乔蒙塔努斯环形山　弗拉卡斯托罗环形山
德朗达尔环形山　沃尔瑟环形山　弗内留斯环形山
第谷环形山　马若利科环形山
施特夫勒环形山
马吉尼环形山　让桑环形山
克拉维斯环形山

　　上边的月面图上写了很多有代表性的地名，如像坑一样的环形山的名字。

　　月球的地形除了环形山，还有海、山脉、峡谷等。月球的山脉和峡谷跟地球上的一样，有高也有低，但是海跟地球上的不同，月球的海里没有水。从地球上看，这些月海就算不用望远镜之类的辅助工具也能看得见。趁着月亮还没升太高的时候，快好好地观察一下吧。

月球的背面

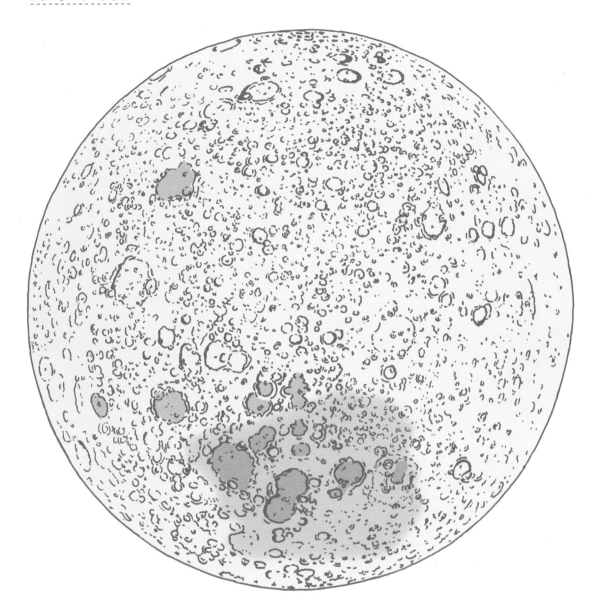

在地球上看不到的样子

　　把本页的月球的背面图跟前文第 46 页的正面图比较着看看吧。跟正面比起来，背面的环形山数量要多得多。这样看起来，正面反而比较平坦。另外，背面的海比正面少很多。

　　因为月球的正面一直对着地球，所以我们在地球上是看不到月球的背面的。月球背面的照片和月面图都是我们把探月探测器发射到太空中拍摄的。至于我们为什么不能从地球上看到月球的背面，这个问题在后文的第 62 页会详细介绍哦。

索末菲环形山
达朗伯环形山
罗兰环形山　伯克霍夫环形山
坎贝尔环形山
拉莫尔环形山
莫斯科海　沙因环形山
马赫环形山
杰克逊环形山
安德森环形山
麦克马思环形山
门捷列夫环形山
帕帕列克西环形山
赫茨普龙环形山
瓦维洛夫环形山
科罗廖夫环形山
伊卡洛斯环形山
玄维赛环形山
加加林环形山
多普勒环形山
齐奥尔科夫斯基环形山
基勒环形山　艾肯环形山
阿波罗环形山　切比雪夫环形山
莱布尼兹环形山
巴甫洛夫环形山　智海
冯·卡门环形山
奥本海默环形山
普朗克环形山
庞加莱环形山
艾肯盆地
薛定谔环形山
安东尼亚第环形山

"环形山"这个词在希腊语里表示杯子或碗的意思，是意大利天文学家伽利略第一次用望远镜观察月亮的时候发现并命名的。

如果你仔细观察环形山的名字，可能会觉得里面有几个像是在哪儿听过的人名。

其实这些环形山的起名方式是有规定的，这些内容在后文第51页会讲到。

月球的诞生

月球上的各种地形

月球的海里没有水

让我们一起来看看前文第 46 页和第 48 页的月面图吧。跟地球一样,月球上也有多种多样的地形。不过,跟地球相比,好像还是有一些不同的地方。

首先引人注目的是像洞一样凹下去且大小不一的地形,这叫"环形山",是由于巨大的陨石撞到月球而形成的地形(注:见前文第 26 页),地球上也有这种陨石撞击形成的环形山;当然,也可能是火山喷发形成的。

另一个吸引人眼球的是看上去有点黑的部分,这叫"月海"。不过虽然它叫海,但里面却没有水。它是很久很久以前,陨石撞击月球时撞破月壳,岩浆覆盖了低地,冷却凝固后形成的。除了"月海",还有"月湖""月沼""月湾",这些地形的形成方式都跟月海差不多。以前人们刚开始观察月球的时候,肉眼看到上面有阴暗的斑块,以为里面有水,所以才这么命名。

明明是海,
里面却没有水?

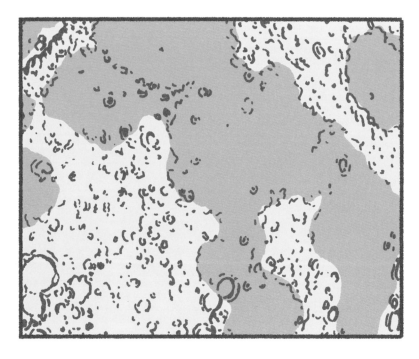

另外，"月海"这种地形在月球正面比较多，背面极少，到目前为止，原因还是未解之谜。

月海的周围有"山"和"山脉"。一些曾经是大型环形山的周围凸了起来，这些部分就构成了山。

本书介绍的只是一些有代表性的地名而已，其实人们还给月球上的其他地形起了很多很多的名字哦。光是看着这些地名，就有种在月球上旅行的感觉呢。

月球上地形的命名方法

月球上有各种各样的地形，也有不少不可思议的名字或者听上去有点耳熟的名字，其实它们都是按照一定的规则来命名的。

有的环形山以著名科学家、学者、艺术家（他们都已逝世）的名字来命名；有的环形山则以常用的名字（不包括姓氏）来命名。

月海和月湾是以拉丁语中表示天气的词，或者表示抽象事物的词来命名的。

月谷则是取名于它附近的环形山，而山和山脉则是以地球上的山脉或者以它自身附近的环形山来命名。

当然，这些地名并不是随随便便就起的。包括行星等其他天体的命名，都是由一个叫"国际天文学联合会"（International Astronomical Union，IAU）的组织来正式决定的。

名字被命名环形山的科学家

开普勒
德国天文学家
他发现了行星运动三大
定律（即开普勒定律）

哥白尼
波兰天文学家
他提出了日心说

月球是由什么组成的呢?

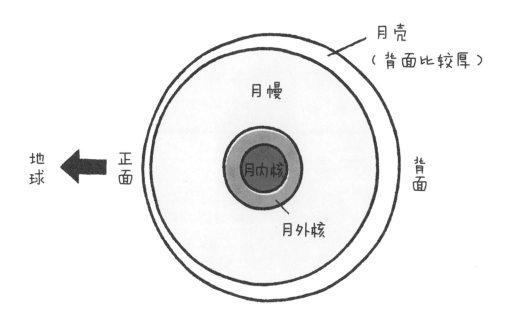

月壳
（背面比较厚）

月幔

月内核

地球 正面

背面

月外核

月球上没有大气

　　月球跟地球一样是由坚硬的岩石及金属组成的。那它里面又会是怎样的呢?

　　月球的结构跟地球差不多，是由月壳（qiào）、月幔和月核构成的。

　　月球的最外层叫"月壳"，它是由岩石组成的。实际上，月球正面的月壳，也就是面向地球那一边的月壳，比背面的月壳要薄一些。所以，月球的重心不在正中间，而是偏向正面靠近地球的那一边。月球一直以同一面朝向地球也是由同样的原因造成的（注：见后文第62页）。另外，在月球的表面，还覆盖着一层像细沙一样的物质，叫"月壤"。

　　月壳下面是"月幔"，它是包裹着月核的厚厚的岩石层。科学家认为月幔靠近中心（月核）的部分存在熔化的液体。在月球中心，是由金属组成的"月核"。月核的外侧（外核）由液体金属组成，内侧（内核）由固体金属组成。

　　与地球不同的是，月球上并没有大气层。所以，在月球上既听不到声音也吹不了风。

　　而且，有一种叫宇宙射线的危险能量粒子会直接射下来，对人体造成危害。再加上没有大气层，太阳光可以直接照射过来，月球上白天的温度可以超过120℃，夜晚则会低到−180℃。所以月球上的环境非常严酷，如果没有保护，人类无法生存。

月球是怎么形成的呢?

月球是地球的孩子吗?

关于月球形成有很多种说法,其中最有力的一种说法是"大碰撞说"。

据说在大约 46 亿年以前,太阳首先诞生了。然后从围绕着太阳的气体和尘埃中,地球和其他行星也诞生了。

有一天,有一颗像火星那么大的行星撞到了刚诞生没多久的地球上。那颗行星的一部分被撞碎,产生了碎片,碎片在宇宙中飘散,在引力的作用下开始绕着地球一圈一圈地转。之后,那些碎片相互聚集起来,紧紧地贴在了一起,然后月球就诞生了。

刚诞生没多久的月球起初离地球非常近,但之后渐行渐远,现在处在相当于地球直径 30 倍距离远的地方。而且月球每年都比前一年远离地球 3.8 厘米,因此月球的公转和地球的自转也在一点点地变慢(注:见后文第 65 页)。

月球与地球离得远了,也就意味着月亮看上去会越来越小。所以在遥远的未来,月亮可能无法完全遮盖住太阳,不会再出现"日全食"了。

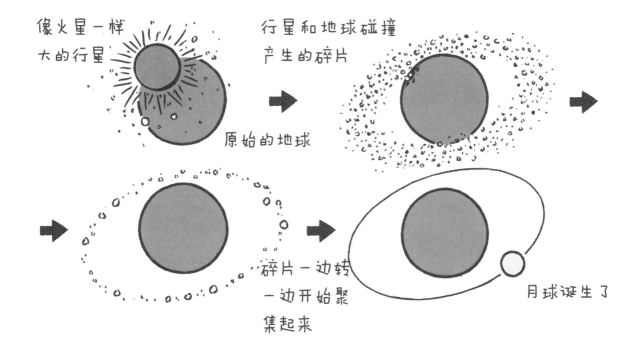

像火星一样大的行星

行星和地球碰撞产生的碎片

原始的地球

碎片一边转一边开始聚集起来

月球诞生了

月球的大小和明亮度

月球实际上的大小和看上去的大小

把月球跟地球放在一起比比吧

月球的半径是 1738 千米，质量是 7.35×10^{22} 千克。但是光靠数字可能想象不出它的大小。所以，我们来把月球和地球放在一起比比看吧。

地球的平均半径是 6371 千米，质量是 5.97×10^{24} 千克。也就是说，月球的直径大约是地球的 3/11，体积约为地球的 1/49，质量则是地球的 1/81。跟地球比起来，月球可真是太小了。

直径（半径）的话，
一个地球 =3.7 个月球

月球这么
轻的呀！

一个地球 =81 个月球

月亮之所以看起来这么小，是因为即使它是离地球最近的星球，但距离地球还是很远很远的。那么，月球到底离地球有多远呢？

从地球到月球的平均距离大约有384400 千米，大约有30个地球连起来那么远。不过有时候也会稍微近一些或者远一些。当然，近一些的话会亮一些，远一些的话则会看起来稍微暗一些。关于这一点，我们就留到后文第56页再详细介绍吧。

低空的月亮会更大一些吗？

你有没有见过刚从地平线上升起来、挂在低空的月亮？看过的人可能会惊讶于它的大小和它看起来偏红的颜色。

地平线附近的月亮真的很大吗？这其实是"月亮错觉"现象，它是一种视觉上的错觉。实际上，月亮只要比我们在地平线上方看到的时候稍微远一点，它看起来就会变小很多。不妨用一枚硬币来试试看吧。

月亮之所以看起来很大，还有一个原因：在建筑物或者山之类的地方看到月亮的话，就会觉得它看起来特别大。不过就算是这么说，我们也还是会感叹它看起来确实很大啊！其实这个问题从很久以前人们就开始讨论了，只是到现在都还没能解释。

另外，低空的月亮看起来发红是因为当光线穿过地平线附近厚厚的大气层时，蓝色的光很难穿过，而红色的光很容易穿过，所以月亮看起来是红色的。

大月亮和小月亮

超级月亮到底"超级"在哪里呢?

前面说过,地平线附近的月亮看上去很大,一般只是错觉而已。但其实它也有可能真的会变大。

月球围绕着地球一圈一圈转的通道叫做"轨道"。这个轨道并不是一个规规矩矩的正圆形,而是一个稍微有点扁的椭圆形。所以它有离地球近的时候,也有离地球远的时候,最近的时候跟最远的时候的距离相差了4万多千米,而且旋转的速度也会变化(离地球远的时候会变慢,离地球近的时候会变快)。

最能明显看出月亮大小差异的是在满月的时候。离得最近的满月看上去要比离得最远的满月大14%,亮度看上去也提高了30%。

听说过"超级月亮"这个词吧?超级月亮指的就是月亮在离地球非常近的时候变成了满月的现象。这本来是占卜用语,并不是学术用语,但可能是因为这个词容易令人联想到一轮皎洁的明月,所以现在经常会出现。听说月亮离地球很近时出现的新月也叫"超级月亮",不过我们又几乎看不见新月,所以也无法知道是不是"超级月亮"。

距离近 · 看起来大

距离远 · 看起来小

比比月亮的大小

离得最近的时候（近地点）　　离得最远的时候（远地点）

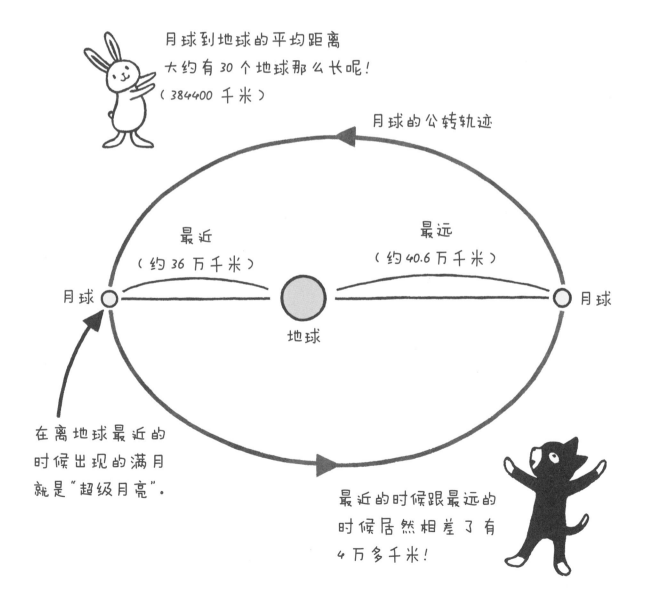

月球到地球的平均距离
大约有 30 个地球那么长呢！
（384400 千米）

月球的公转轨迹

最近
（约 36 万千米）

最远
（约 40.6 万千米）

月球 ◯　　　　　　　◯ 月球

地球

在离地球最近的
时候出现的满月
就是"超级月亮"。

最近的时候跟最远的
时候居然相差了有
4 万多千米！

月亮的亮度·星星的亮度

满月有多亮呢？

满月非常明亮，明亮到能隐隐约约地照出影子来。以前不像现在这样有路灯，也没有整晚都亮着的街灯，晚上真的黑乎乎一片。家里也没有电灯，只有蜡烛或油灯的火光。

在这样的环境中，月光就成了非常宝贵的光线。月亮不仅仅是看上去漂亮，还对生活有帮助。人们对月出满怀期待之情，给月亮起了像"天眼""阴精"等名字。他们一定是把月亮当成神灵来崇拜。

月球＊反射着太阳光线，形态不断发生着变化。当月球正面全都被阳光照射到是满月，只有一半被照射到则是上弦月或下弦月。至于极细的蛾眉月，它反射到地球上的光线的亮度就大大减少了。

有趣的是，虽说看起来是半个满月，上弦月和下弦月的亮度却不及满月亮度的一半，暗得连满月亮度的十分之一都不到。蛾眉月则更暗，只有满月亮度的二百分之一左右。

把满月的亮度比作
100根蜡烛的话

上弦月和下弦月
是8根蜡烛左右

蛾眉月只有
半根蜡烛左右

＊编者注：月球和月亮的区别：月亮是人类在地球上面看到月球反射光线形成的影像的称呼，而月球则是原本的天体。

星星的亮度用"星等"来表示。你可能听过"1等星""2等星"这样的天文学术语。星等的数值越小，说明星星越亮，比0等更亮的则用负数表示。星等每相差1等，亮度相差约2.5倍。

冬季夜空中最明亮的星星（恒星）——大犬座α星（天狼星）就属于–1等星，傍晚能见到的金星最亮时亮度有–4.6等左右。蛾眉月的亮度大约是–7等，上弦月和下弦月为–10等左右。而满月可是–12.6等左右，真的非常明亮呢。

太阳的大小和亮度

月亮跟夜空中的星星相比是非常明亮的，挂在高空的满月更是亮得耀眼。不过，还有最最明亮的"星星"，那就是太阳。

太阳是月亮和其他行星的光源，那么它到底有多亮呢？

用表示星星亮度的星等来说的话，太阳的亮度是–26.7等，约是满月亮度的40万倍，想肉眼直视都做不到。所以，为了不弄伤眼睛，在看太阳的时候记得使用能减弱有害光线强度的滤光片，观看日食的时候要戴上专用眼镜哦。

就算是这么明亮的太阳，从地球看过去，它的大小也只略大于月亮。但实际上太阳是非常大的（直径是地球的109倍），因为离得极远，所以看上去才会跟月亮差不多大。

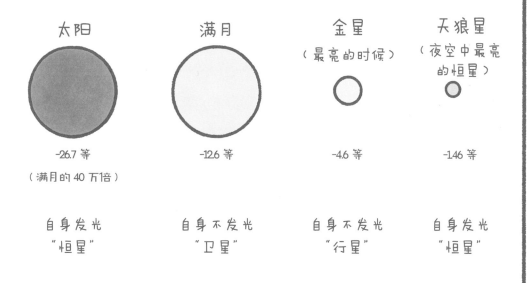

太阳	满月	金星（最亮的时候）	天狼星（夜空中最亮的恒星）
-26.7 等	-12.6 等	-4.6 等	-1.46 等
（满月的 40 万倍）			
自身发光"恒星"	自身不发光"卫星"	自身不发光"行星"	自身发光"恒星"

月球和地球的运动

地球的运动

地球的自转和公转带来的影响

之所以会有月出和月落，是因为地球每天都在"自转"哦。

地球以自转轴为中心，约每24小时转一圈。地球自转一圈，一天就过去了。在日常生活中，我们很难感受到自己所在的地球是在转动着的，不过我们可以通过月亮、太阳、繁星都是从东边升起西边落下这一点来证明。虽然地球自转这一点现在已是众所周知，不过在很久以前，人们却认为太阳和星星是以地球为中心转动着的。

地球不仅要每天自转一圈，还要大约每365天绕着太阳转一圈，这叫"公转"。地球公转一圈，一年就过去了。另外，地球的公转轨道也不是正圆，而是稍微有些扁的椭圆形，不过没有月球公转轨道那么扁。公转和自转一样，虽然地球以非常快的速度绕着太阳转圈，但是我们在日常生活中却感受不到。我们能通过公转感受到的只有四季的变化。

地球的自转轴和公转的轨道面是不垂直的，也就是说，地球是倾斜着绕太阳转动的，而这个倾斜角度是23.4度。正因为地球是斜着绕太阳旋转的，所以夏天太阳挂得高，而冬天太阳则挂得低。

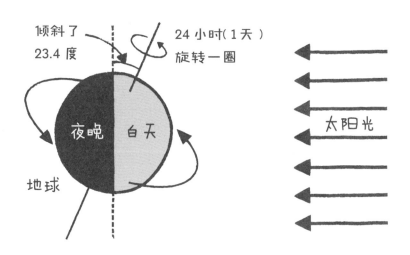

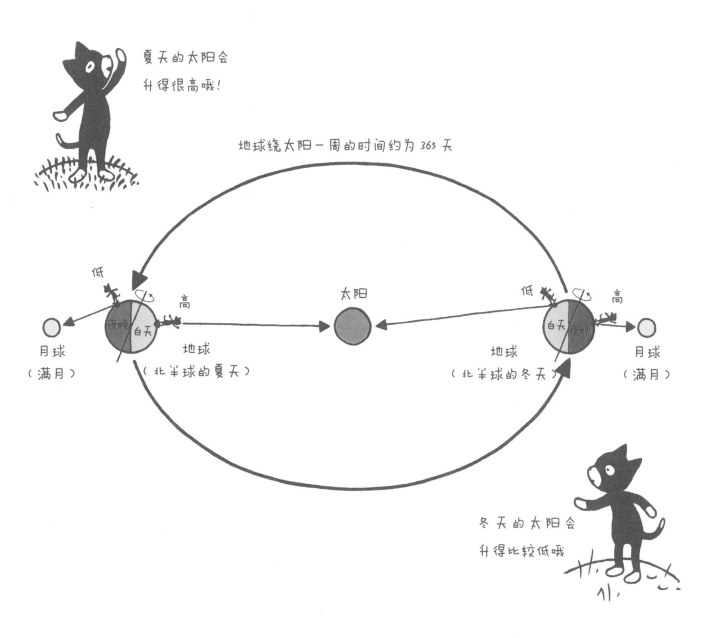

夏天的太阳会
升得很高哦!

地球绕太阳一周的时间约为365天

低

高

太阳

低

高

月球
(满月)

夜晚 白天

地球
(北半球的夏天)

白天 夜晚

地球
(北半球的冬天)

月球
(满月)

冬天的太阳会
升得比较低哦

虽然感觉不到地球在转动

不过地球现在是以每秒近30千米
的速度绕着太阳转动着的哦

月球的运动

我们只能看到月球的正面

虽然月亮看上去会时而圆时而缺，但从地球上看到的总是月球的正面，就是有着像兔子捣药图案的那一面。

月球跟地球一样，也是一边公转一边自转。要是这样的话，不就能看到背面了吗？为什么我们看不到月球的背面呢？

那是因为，月球自转的周期跟它绕地球公转的周期是一样的。月球是怎样绕着地球旋转的呢？让我们来看看下一页的图就知道了。月球一直以正面朝着地球来旋转，回到起点的时候刚好自转了一圈。这是因为，月球的重心在靠近地球的那一侧，而靠近重心的正面就被地球吸引着，所以才会始终以同一面朝着地球来旋转。*

不过，因为月球的公转轨道是椭圆形的，加上月球的自转轴是倾斜着的，所以我们有时候会看到它在上下左右小幅度摆动。因此，我们从地球上可以看到 59% 的月球表面。这是月球的"摇头"现象，也被称为"天平动"。

62

*编者注：造成月球正面朝向地球的原因是正面和背面所受地球的引力大小差别（潮汐力），最终月球被潮汐锁定，公转周期等于自转周期。潮汐锁定的结果是月球的重心偏向了地球。

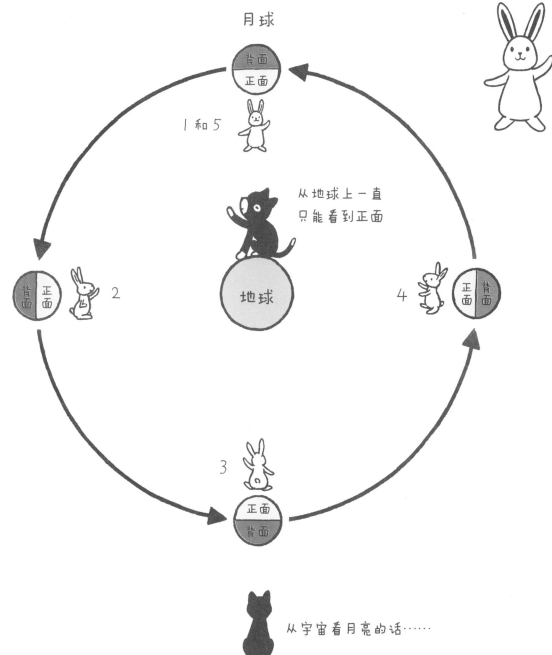

月球

1 和 5

从地球上一直
只能看到正面

地球

2

3

4

从宇宙看月亮的话⋯⋯

开始!

好了!
转完
一圈!

1   2   3   4   5

潮涨潮落

月球吸引海水

在月球对地球的影响里，最直观的莫过于海水的涨落，也就是潮起潮落。涨潮就是潮水上涨海面上升，落潮就是潮水退去海面下降，这样的现象几乎每天都会分别出现两次。

引发潮起潮落的最主要原因是月球的引力。地球的海水会被吸引到月球所在的那边，海水上涌，形成涨潮。同时，加上月球绕地球公转的影响，月球所在方向的反方向处也会形成涨潮。两侧的海水上涌，中间部分的海水减少了，就会形成落潮。之所以一天会出现两次，是因为地球自转的时候，会经过这两个涨潮和落潮的点。但由于月球绕地球公转的周期是27天多一点，所以也可能一天只有一次。

引发潮涨潮落还有另一个原因。那就是太阳的引力。与距离地球很近的月球相比，太阳引力所形成的潮汐力（引起潮

水涨落的力）虽然较小，但是当由太阳和月球的引力形成的潮汐力叠加在一起时，涨潮会变得很剧烈。这就产生了"高潮"，是在满月和新月的时候，也就是太阳、地球、月亮排成一列的时候出现的现象。

在下弦月和上弦月的时候，由月球和太阳的引力形成的潮汐力作用方向相反，则会形成潮差较小的"低潮"。

另外，实际上出现大潮的时间，要比满月或新月那天晚 1~2 天。这是因为海水受到由月球和太阳的引力形成的潮汐力后要动起来，是需要花费时间的。

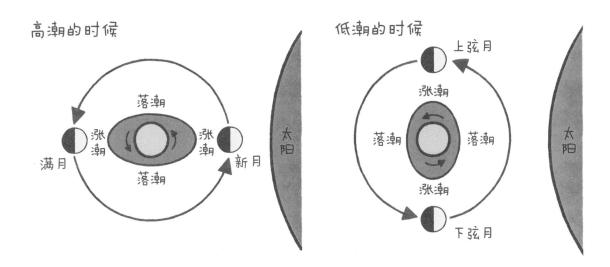

高潮的时候　　　　　低潮的时候

月球正在离地球远去吗？

我们在前文第 53 页说过，月球正在以每年 3.8 厘米的速度逐渐远离地球，这其实是由地球的潮涨潮落引起的。

地球刚诞生时，它的自转周期是 10 小时，也就是说，那个时候一天只有 10 小时这么短。在短时间内转一圈，意味着转圈的速度是非常快的。从那时候开始地球的自转速度一点点变慢，到现在一天变成了 24 小时，自转周期已经是刚诞生时候的两倍以上了。

地球的自转速度还会继续不停地变慢下去，这是因为涨潮时上涌的海平面，与地球的固体部分之间产生了摩擦，就像给地球自转踩了刹车一样。

月球受到地球海水上升部分的影响，轨道半径变大，逐渐远离地球。

一起来赏月吧

月球是离地球最近的"星星"。
所以非常容易见到，也有各种各样的观赏方式。
让我们走出家门，一起来赏赏月吧。现在月亮在哪里呢？

赏月前需要事先做的准备和调查

跟星星比起来，月亮看上去更大更明亮，所以就算是在灯火通明的街道上也能观赏。

首先要调查的是观赏地点的月出月落的时间和月龄（月亮圆缺的情况）。蛾眉月在日落后就很快落下了；残月这样细细的月亮要在将近黎明的时候才升起来；而在新月那天，就是再怎么等也等不到月亮的。

月出月落的准确时间可以在网上查询。具体各地月出月落时间可以在"时间地图网"或"timeanddate.com"上查到。

月出的时刻每天都会比前一天晚大约50分钟。如果经常在自家附近观察月亮的话，可能就会慢慢了解哪个季节、哪个月龄的月亮，会在什么时刻出现。

虽说月亮在比较明亮的闹市也看得见，但还是找一些视野开阔的地方看吧。想看月出的话就去东边儿找，想看月落的话就去西边儿找。还有，一定记得多拉上几个小伙伴，并提前告知父母，别一个人去哦！

报纸

网络

手机

今天的月亮

月龄　8.3
月出　12:17
月落　22:47

赏月的工具

说到去赏月要带点什么的话，有几件便于我们赏月的物品需要了解一下。

第一个就是指南针，它可以帮我们指明月亮是从哪边升起哪边落下的。用手机软件的指南针也是可以的。还有，推荐你用它来找出和月亮一块儿出现的星星哦。

如果想更细致地观察月球，运用天文望远镜和双筒望远镜会更方便。如果有双筒望远镜的话，你就能够观察月球的表面了，这样观月会更有意思。如果长时间举着望远镜向天空看的话会很累手，所以最好将它固定在相机三脚架上使用。使用天文望远镜的准备工作就有点儿麻烦了，不过它的放大倍率比双筒望远镜大更多，能更仔细地观察月球表面。就算你没有天文望远镜，也有机会在公共天文台上使用它，所以一定要去试试哦。

如果要使用双筒望远镜或天文望远镜，请查看前面第46~47页的"月面图"。图里记载了容易看到的环形山和月海的名字，让我们对照图来寻找它们吧！

另外，满月的夜晚，道路会被照得非常明亮，但是要到外面去看月亮的话，还是得带上手电筒之类的工具哦，这对于查看月面图和各种操作都是很有用的。

指南针　天文望远镜　月面图

双筒望远镜　手电筒

试着观察月亮吧

月亮每天都会变换形状，月出月落的时间也不同，单单是这些变化就已经百看不厌了。刚出现的月亮看起来很大。低空的月亮一般不太耀眼，所以月面的样子很容易看见。由于受到大气的影响，有时月亮的外观会有变化，颜色甚至会偏红。

月亮的外观还会根据季节变化。春天云霞比较多，月亮有时会看起来很朦胧。夏天满月的位置比较低，而冬天就爬得比较高。这样千变万化的月亮，能在一整年给你带来乐趣。

有时我们还会看见月光引起的一些自然现象。有薄薄的云层时，你可能会在月亮周围看到彩虹色的光环。这是一种被称为"月晕"的现象。还有一种"晕"，会因为月光折射看起来像出现了另一个月亮，这种现象叫"幻月"。另外，下过雨的夜晚可能会有"月虹"，它与白天彩虹出现的原理相同，只是它是由月亮的光（而不是太阳）产生的稀有彩虹。

双筒望远镜看到的和
用眼睛看到的一样

天文望远镜看到的是
上下左右颠倒的

再放大一点看的话

用双筒望远镜和天文望远镜来观察月亮吧

如果使用双筒望远镜或天文望远镜看月亮，你就会看到月亮被放大了。平时肉眼看不见的环形山等地形也都清晰起来了，可能还会让你吓一跳呢。如果你家中已经有了双筒望远镜或天文望远镜，那就尝试使用一下吧！或者使用观察飞鸟的望远镜也没有问题。

若是不想太麻烦，就先从双筒望远镜开始吧。如果你准备买一个双目望远镜的话，我的建议是直径为30~50毫米、放大倍数7~10倍的哦。不过，最好是找专门出售天文望远镜的店员或身边了解天文知识的人来推荐。

如果还想看更大一点的月亮，那就要用天文望远镜了。即使自己没有望远镜，也可以去公共天文台（比如南京紫金山天文台）使用大型的天文望远镜来看。要注意的是，大多数天文望远镜看到的都是颠倒的景象，所以参考本书中的月面图时要记得反过来哦。

使用双筒望远镜和天文望远镜，可以清楚地看到月亮圆缺造成的形状变化，试着观察千变万化的月亮吧！还可以欣赏到震撼的月食呢（注：见后文第70页）！

一起来看看月食吧

就像前文第 22 页说的，月食是地球的阴影遮挡住月亮的一种现象。只遮住一部分的是月偏食，而完全遮挡住并出现红色满月的就是月全食。

可以在天文杂志、报纸电视，以及网络上看到月食的预报。开始的时间、月亮缺失的过程都可以从预报中知道，只要天气晴朗，你一定能看见的。

月亮在短时间内缺失，然后恢复原貌，单单是这么看着就非常有趣了。不过，如果你还能注意到以下这些细节，一定会更加有趣哦！

首先是月亮缺失的形状，因为月食产生的月缺与普通的阴晴圆缺完全不同。而且，平时月亮圆缺的边界是很明显的，但是在月食的时候，边界会看起来更模糊或者透明。

当发生月全食时，月亮看起来像深红色的满月，但是颜色会根据大气条件时明时暗。另外，尽管天空通常在满月的夜晚会被照得很明亮，可是发生月全食的月亮变得太暗了，所以夜空中的星星都像突然苏醒了一样闪耀。这时，可以好好观察一下月亮的颜色和周围的星星哦。

月偏食　　　　　　　月全食

像被吃了
一口……

让我们仰望星空吧！

自古以来有多少人遥望过月亮呢？

随着对它的了解的深入，我们一定会对月亮、地球、太阳、星星甚至整个宇宙更加喜爱！

森雅之（Mori Masayuki）

漫画家。1957 年在日本北海道出生，现住当地。1976 年在漫画杂志《漫波》（清慧社）上出道。1996 年，凭借《Paper Mint 物语》（Home 社）获得第 25 届日本漫画家协会优秀奖。主要作品有《夜和蔷薇》、《散步时哼的歌》（Fusion Product）、《行星物语》（河出书房新社）、《又及》（BAJIRIKO）、《散步手帖》（大和书房）、《小堇》（Biriken 出版）等。在《月刊天文 Guide》（诚文堂新光社）等杂志上有作品连载。

参考文献：《轻轻松松看月亮》《天文年鉴》《数码相机拍月亮》（均为诚文堂新光社出版）

TSUKI NO MICHIKAKE WO NAGAMEYOU
© MASAYUKI MORI，HIROKO NAKANO 2018
Originally published in Japan in 2017 by Seibundo Shinkosha Publishing Co.,Ltd.
Chinese (Simplifed Character only) translation rights arranged with
Seibundo Shinkosha Publishing Co.,Ltd. through TOHAN CORPORATION, TOKYO.
著作权登记图字：10-2019-044

图书在版编目（CIP）数据

星空的奥秘 . 月亮篇 /（日）森雅之著；维扎特译
. -- 南京：江苏凤凰美术出版社，2022.4
ISBN 978-7-5580-8690-8

Ⅰ . ①星… Ⅱ . ①森… ②维… Ⅲ . ①天文学 – 少儿
读物 Ⅳ . ① P1-49

中国版本图书馆 CIP 数据核字（2021）第 096256 号

责任编辑　高　静　王　璇
责任监印　生　媛
专业审读　帅　康　胡方浩　刘仁军
实习审校　柏丽娟　殳静宜　庄京霖
特邀审校　陆发祥　张静静

书　　名	星空的奥秘·月亮篇
著　　者	（日）森雅之
译　　者	维扎特
出版发行	江苏凤凰美术出版社（南京市湖南路 1 号 邮编：210009）
制　　版	江苏凤凰制版有限公司
印　　刷	南京新世纪联盟印务有限公司
开　　本	889mm×1194mm　1/16
印　　张	4.75
版　　次	2022 年 4 月第 1 版　2022 年 4 月第 1 次印刷
标准书号	ISBN 978-7-5580-8690-8
定　　价	88.00 元